Diversión y juegos

Burbujas

Suma y resta

Logan Avery

1, 2, 3 burbujas

4, 5, 6 burbujas

7, 8, 9 burbujas

9, 8, 7 burbujas

6, 5, 4 burbujas

3, 2, 1 burbuja

¡Cuántas burbujas!

Resolución de problemas

Unos amigos están soplando burbujas. Usa objetos o imágenes para resolver los problemas. Después iguala estos datos matemáticos con tu trabajo.

1. Kim sopló 3 burbujas. Sopla 2 más. ¿Cuántas burbujas sopla?

2. Salvador sopla 3 burbujas. Luego se reventaron 2. ¿Cuántas burbujas quedan?

A. $3 + 2 = \square$ **B.** $3 - 2 = \square$

Soluciones

1. 5 burbujas; A
2. 1 burbuja; B

Asesoras

Nicole Belasco, M.Ed.
Maestra de jardín de niños, Distrito Escolar Colonial

Colleen Pollitt, M.A.Ed.
Maestra de apoyo de matemáticas, Escuelas Públicas del Condado de Howard

Créditos de publicación

Rachelle Cracchiolo, M.S.Ed., *Editora comercial*
Conni Medina, M.A.Ed., *Redactora jefa*
Dona Herweck Rice, *Realizadora de la serie*
Emily R. Smith, M.A.Ed., *Realizadora de la serie*
Diana Kenney, M.A.Ed., NBCT, *Directora de contenido*
June Kikuchi, *Directora de contenido*
Véronique Bos, *Directora creativa*
Robin Erickson, *Directora de arte*
Caroline Gasca, M.S.Ed, *Editora superior*
Stacy Monsman, M.A.Ed., *Editora*
Karen Malaska, M.Ed., *Editora*
Michelle Jovin, M.A., *Editora asociada*
Sam Morales, M.A., *Editor asociado*
Fabiola Sepúlveda, *Diseñadora gráfica*
Jill Malcolm, *Diseñadora gráfica básica*

Créditos de imágenes: Todas las imágenes provienen de iStock y/o Shutterstock.

Library of Congress Cataloging-in-Publication Data

Names: Avery, Logan, author.
Title: Diversion y juegos. Burbujas : suma y resta / Logan Avery.
Other titles: Fun and games. Bubbles. Spanish | Burbujas
Description: Huntington Beach, CA : Teacher Created Materials, Inc., [2020] | Series: Mathematics readers | Audience: K to grade 3.
Identifiers: LCCN 2018052847 | ISBN 9781425828295 (pbk.)
Subjects: LCSH: Counting--Juvenile literature. | Bubbles--Juvenile literature.
Classification: LCC QA113 .A942518 2018 | DDC 513.2/11--dc23 LC record available at https://lccn.loc.gov/2018052847

Teacher Created Materials
5301 Oceanus Drive
Huntington Beach, CA 92649-1030
www.tcmpub.com

ISBN 978-1-4258-2829-5

Printed in China
Nordica.082019.CA21901320